Ondes gravitationnelles et trous noirs

CNRS ÉDITIONS

DE VIVE VOIX

ISBN : 978-2-271-12538-5

www.cnrseditions.fr
www.devivevoix.com

Les Grandes Voix de la Recherche

Une collection CNRS Éditions / De Vive Voix

Donner la parole aux lauréats et lauréates de la médaille d'or du CNRS, la plus prestigieuse récompense scientifique française : telle est l'ambition de la collection *Les Grandes Voix de la Recherche.*

En des textes courts et vivants, les médailles d'or retracent leur parcours, nous transmettent leur passion, nous présentent leurs travaux. Grâce à des contenus accessibles et à jour des dernières avancées scientifiques, ils nous introduisent au meilleur de la recherche française.

En passeurs et médiateurs, ces grandes voix de la recherche explorent tous les domaines de la connaissance et présentent de manière claire les grands défis de la science.

À écouter ou à lire, ces grandes voix de la recherche sont disponibles sous forme de livre audio et de livre papier.

Thibault Damour à l'IHES en septembre 2017.

Introduction

En novembre 1915, en pleine guerre de 14-18, Einstein finalise sa théorie de la Relativité Générale. Il envoie immédiatement, à un collègue qui est sur le front de l'Est, les épreuves de son article final où il présente les équations complètes de sa théorie. Ce collègue, Karl Schwarzschild, trouve très rapidement la première solution exacte des équations d'Einstein, que l'on appelle aujourd'hui « trou noir de Schwarzschild ».

Quelques mois plus tard, en juin 1916, Einstein développe d'autres conséquences de sa théorie, en particulier la notion d'ondes gravitationnelles, dont il prédit l'existence, et dont il décrit la structure. Le 14 septembre 2015, de grands interféromètres installés aux États-Unis font une double découverte : ils ont observé pour la première fois sur Terre les ondes gravitationnelles prédites et, plus important encore, l'analyse du signal de ces ondes gravitationnelles a montré qu'elles ont été émises lors de la fusion de deux trous noirs.

Ainsi, un siècle après les prédictions théoriques d'Einstein et de Schwarzschild, l'existence d'ondes gravitationnelles se propageant dans l'espace et celle de trous noirs pouvant fusionner sont confirmées expérimentalement. Ce texte se concentrera sur cette découverte expérimentale, et sur sa signification théorique. Indiquons dès le début que le signal détecté le 14 septembre 2015 a reçu le nom scientifique de GW150914, où GW signifie *Gravitational Wave* (onde gravitationnelle), et où 150914 indique sa date d'observation : 2015-septembre-14 (selon l'habitude étasunienne d'écrire une date).

Les ondes gravitationnelles

Pour expliquer cette découverte, il convient de rappeler d'abord la structure essentielle de la théorie d'Einstein. Elle consiste à dire que l'espace n'est pas juste une entité vide où régneraient les lois de la géométrie que l'on apprend à l'école, qui viennent des Grecs (notamment Euclide), mais que c'est une structure élastique déformée par la présence en son sein de masse ou d'énergie. L'idée essentielle, c'est que l'espace est semblable à de la *gelée*, déformée, nous dit Einstein, par la présence de masse ou d'énergie.

Pour expliquer cette notion, rappelons d'abord les lois fondamentales de la géométrie de l'espace non déformé telles que nous les avons tous apprises à l'école. Les Grecs nous disent d'abord que la somme des angles d'un triangle est égale à deux angles droits, ou 180 degrés. Si on prend un triangle dont un des angles est rectangle, les Grecs nous disent encore que le carré de l'hypoténuse est égal à la somme des carrés des deux autres côtés. Mais, nous dit Einstein, ces deux lois ne s'appliquent que dans un espace non déformé par la présence de matière.

S'il y a de la matière au voisinage du triangle considéré, ces lois deviennent fausses. Par exemple, si je prends un triangle sans aucune matière autour, la somme de ses angles vaut bien 180 degrés. Mais, quand je mets au milieu de ce triangle une boule de matière, ayant une certaine masse m et un certain rayon r, et tenant juste à l'intérieur du triangle, ce ne sera plus vrai. Cette somme va être plus grande d'une quantité fractionnaire, donnée par une formule qui inclut le rapport de la masse mise dans le triangle par le rayon de la boule. Cette déformation des lois de la géométrie est de l'ordre d'un milliardième si on prend un triangle qui embrasse la Terre, c'est-à-dire si l'on utilise la masse de la Terre pour déformer la géométrie. Elle serait autour d'un millionième si l'on considérait un triangle autour du Soleil. Si l'on prend une étoile à neutrons, c'est-à-dire une étoile morte qui condense la masse du Soleil dans un rayon de l'ordre de dix kilomètres, cette déformation des lois de la géométrie devient de l'ordre de 40 %.

Ainsi, la présence d'une masse change les lois de la géométrie, mais de façon indépendante du temps si l'on considère une masse qui ne bouge pas. Selon Einstein, si l'on n'a pas juste une masse, mais deux masses qui bougent l'une par rapport à l'autre, alors les lois de la géométrie vont être modifiées d'une façon qui dépend du temps. La géométrie autour des masses va être déformée, et cette déformation, que l'on peut mesurer avec des triangles au voisinage des masses, va se propager comme une onde en dehors du système. Cette onde part à l'infini dans toutes les directions, et décroît comme l'inverse de la distance au système.

Cette onde de déformation de la géométrie, c'est ce que l'on appelle une onde gravitationnelle.

Il faut absolument la penser de l'intérieur de l'espace. On compare souvent une onde gravitationnelle à une onde à la surface de l'eau, mais l'inconvénient de cette image, c'est qu'elle se réfère à un phénomène qui se passe à l'interface entre deux milieux. Or, une onde gravitationnelle, c'est une déformation qui se propage à l'intérieur de la gelée-espace tridimensionnelle dans laquelle nous sommes tous pris. En 1916, Einstein a calculé, à l'approximation la plus basse, l'amplitude de cette déformation de la géométrie créée par deux masses qui bougent l'une autour de l'autre. La structure qu'il découvre dès juin 1916, puis qu'il améliore en 1918 car son article initial contenait certaines erreurs, est la suivante : une onde gravitationnelle est émise par n'importe quel mouvement de matière qui bouge de façon dissymétrique. Le seul mouvement de matière qui n'en émettrait pas serait l'effondrement à symétrie sphérique d'une étoile. N'importe quel autre mouvement de masses, par exemple deux masses qui tournent l'une autour de l'autre, ou une masse qui vibre sur elle-même de façon dissymétrique, va émettre une onde gravitationnelle. Celle-ci se propage à partir de la source vers l'extérieur à la vitesse de la lumière et décroît comme l'inverse de la distance à la source. Quand on l'observe de très loin, elle n'a que des effets transverses à la ligne de visée vers la source : si je suis très loin et que je regarde la source, il n'y a pas d'effet de l'onde gravitationnelle le long de la ligne de visée, mais uniquement dans le plan qui lui est perpendiculaire.

Voilà les caractéristiques essentielles des ondes gravitationnelles telles qu'elles ont été décrites par Einstein en 1916 et en 1918.

Détecter les ondes gravitationnelles

Bien après, un certain nombre de personnes ont réalisé que cette déformation était mesurable. La première personne à avoir eu cette idée est un Américain, Joseph Weber, dans les années 1950. Considérons une onde gravitationnelle qui arrive, par exemple, depuis la verticale, de sorte qu'elle ne va avoir des effets que dans un plan horizontal. Si plusieurs objets sont posés les uns à côté des autres dans ce plan horizontal, Joseph Weber a compris que les effets de l'onde étaient mesurables car l'onde allait, pendant la première demi-période, augmenter la distance entre eux dans une certaine direction, disons est-ouest, et la diminuer dans la direction nord-sud. Puis, dans la seconde demi-période, elle allait au contraire diminuer la distance entre les objets dans la direction est-ouest et l'augmenter dans la direction nord-sud. Il y a donc une déformation des distances entre ces objets qui varie dans deux directions perpendiculaires.

Joseph Weber a l'idée que, en utilisant des objets sensibles à cette déformation, il était possible de détecter une onde gravitationnelle. Ses détecteurs n'étaient pas assez sensibles, mais, plus récemment, d'autres, qui le sont bien davantage, ont été développés à la fois aux États-Unis et en Europe. Ils consistent à faire circuler de la lumière entre des miroirs placés à plusieurs kilomètres de distance. Il faut imaginer deux bras immenses de quatre kilomètres de long, l'un dans la direction nord-sud, l'autre dans la direction est-ouest. Quand une onde gravitationnelle passe, si elle vient de la verticale, elle augmente la distance entre les deux miroirs dans la direction est-ouest et la rétrécit dans la direction nord-sud, puis l'inverse parce qu'une onde oscille en général dans le temps. De la lumière circule entre les bras de ce système, que l'on appelle un interféromètre. La lumière mesure la distance de chaque bras et, en se recombinant à la sortie après avoir circulé dans les deux bras, elle mesure par interférences lumineuses la différence entre la longueur du bras est-ouest et celle du bras nord-sud. C'est cette différence qui va contenir le signal de l'onde gravitationnelle. Quand une onde gravitationnelle passe, la différence entre la longueur du bras est-ouest et du bras nord-sud oscille dans le temps. C'est ce qui a été observé le 14 septembre 2015 par les deux détecteurs américains du système LIGO (*Laser Interferometer Gravitational-Wave Observatory*).

Systèmes binaires d'étoiles à neutrons

La découverte des ondes gravitationnelles n'a pas été une surprise totale : l'étude de la dynamique de systèmes, dits pulsars binaires, avait déjà apporté une preuve expérimentale de leur existence. Un pulsar binaire est constitué de deux étoiles à neutrons orbitant l'une autour de l'autre en plusieurs heures. L'étude fine, à la fois expérimentale et théorique, du mouvement d'un système de deux étoiles à neutrons orbitant l'une autour de l'autre, a permis d'observer un phénomène de rétrécissement de la période orbitale. Ce système tourne en plusieurs heures, mais, lors de l'orbite suivante, il tourne en un peu moins longtemps que lors de la période précédente. C'est un effet minuscule, mais cumulatif dans le temps et qui a été observé par Joseph Taylor et ses collaborateurs dans les années 1980-1990. Cette observation était en accord avec la théorie de la Relativité Générale, qui prédisait le fait suivant : la force gravitationnelle entre deux étoiles doit mettre un certain temps à se propager, puisque Einstein nous dit que la gravitation est en fait la même chose que la déformation de la géométrie de l'espace. La force gravitationnelle entre ces deux objets doit donc se propager comme des ondes à la vitesse de la lumière, et cette propagation à vitesse finie a des conséquences qui sont précisément la diminution de la période orbitale. Or, l'effet observé de rétrécissement de la période orbitale était en excellent accord avec la théorie. On savait donc déjà, dès les années 1990, que les ondes gravitationnelles existaient bien et étaient liées à la propagation (à la vitesse de la lumière) de la gravitation entre deux corps.

Ici, on parle d'un système de deux étoiles à neutrons, et l'observation des pulsars binaires nous a donc montré que, entre les deux, une onde gravitationnelle se propageait. Il était donc clair qu'une onde gravitationnelle devait aussi se propager en dehors du système. Ce n'est que récemment (voir ci-dessous) que l'on a pu observer sur Terre l'arrivée de l'onde gravitationnelle émise lorsque deux étoiles à neutrons orbitent l'une autour de l'autre. Ce type de signal est plus faible, et moins fréquent, que le signal d'ondes gravitationnelles émis lorsque deux trous noirs orbitent l'un autour de l'autre, que nous allons maintenant discuter.

Trous noirs, et fusion de deux trous noirs

Ce qui a été observé le 14 septembre 2015, c'est le signal de déformation de la géométrie terrestre lié au mouvement d'un système très lointain de deux trous noirs orbitant l'un autour de l'autre. Fin 1915 début 1916, Karl Schwarzschild découvre, à l'intérieur de la théorie d'Einstein, la possibilité d'avoir un objet qui contient une certaine masse, mais une masse qui n'apparaît pas sous la forme d'un volume de matière que l'on puisse toucher. L'objet découvert par Schwarzschild, que l'on appelle « trou noir de Schwarzschild », est effectivement une solution des équations d'Einstein qui ne contient pas de matière.

Pendant longtemps, cette solution a posé problème aux théoriciens. Beaucoup ne savaient pas quoi en faire. Elle avait l'air d'avoir des caractéristiques mathématiques très étranges. Il a fallu beaucoup de temps pour arriver à comprendre que ce trou noir de Schwarzschild était un objet qui pouvait exister dans la nature. Les premiers à vraiment comprendre que les trous noirs peuvent exister, ce sont Julius Robert Oppenheimer et un de ses collaborateurs, Hartland Snyder, en 1939. Oppenheimer a compris qu'une étoile à neutrons, constituée de matière très dense que l'on peut toucher et qui déforme l'espace autour d'elle, a une masse maximum au-delà de laquelle elle s'effondre sur elle-même parce que la gravitation l'emporte sur ses forces de pression interne. Ainsi, elle s'effondre continuellement sans jamais s'arrêter et laisse derrière elle un objet qui n'a plus de surface matérielle que l'on puisse toucher : un trou noir. Oppenheimer, et surtout ceux après lui qui, comme Roger Penrose, ont pris au sérieux cette idée et en ont compris la structure dans l'espace-temps, a dit qu'un trou noir était une structure de déformation de l'espace et du temps dans la théorie d'Einstein. La matière a disparu en déformant tellement la géométrie de l'espace-temps qu'elle a créé une zone de l'espace-temps d'où la lumière ne peut pas sortir.

La meilleure façon de concevoir un trou noir, c'est de dire que c'est une bulle de lumière émise au centre d'une étoile en train de s'effondrer. Cette bulle de lumière s'est échappée depuis le centre de l'étoile, mais elle a été tellement ralentie par la déformation de la géométrie de l'espace-temps, prévue par la théorie d'Einstein, qu'elle n'a pas réussi à sortir de la région où elle a été émise et qu'elle fait du surplace, en gardant un rayon fixe.

La surface d'un trou noir est donc une bulle de lumière qui, si on la regarde localement, se déplace à la vitesse de la lumière, essayant (sans y parvenir) de s'échapper de la région centrale pour partir à l'infini. L'espace autour d'un trou noir est si déformé que ce qui se passe est un peu analogue à l'ouverture de la bonde d'une baignoire : l'eau s'écoule et disparaît dans le fond. Si un insecte à la surface de l'eau essaie de s'échapper, il faut qu'il atteigne une certaine vitesse pour y parvenir. Si la vitesse de l'eau qui s'écoule est la même que celle de l'insecte qui essaie de sortir de la bonde, alors il fait du surplace. De la même façon, la surface d'un trou noir est une région où la lumière part vers l'extérieur à la vitesse de la lumière, mais l'espace est devenu tellement déformé qu'il est comme un liquide qui s'écoule vers le centre. La bulle de lumière fait donc du surplace. C'est un objet très étonnant et, jusqu'à très récemment, nous n'avions aucune preuve que ces bulles de lumière, ces surfaces de trou noir, existaient vraiment. Il y avait une preuve indirecte parce qu'on avait compris que les étoiles évoluent, que certaines étoiles très massives devaient donner lieu à des étoiles plus lourdes que des étoiles à neutrons, et devaient donc s'effondrer, comme le disait Oppenheimer. Il existait aussi des systèmes binaires dans lesquels se trouvait un objet central, qu'on ne voyait pas, entouré de gaz très chauds émettant des rayons X. La masse de cet objet invisible était si grande qu'on l'interprétait comme étant un trou noir. Mais on n'avait jamais vraiment vu la structure de l'espace et du temps au voisinage de cette surface particulière qui définit le trou noir, cette bulle de lumière. Ceci a été observé pour la première fois en septembre 2015. Mais comment le sait-on ?

En fait, le signal observé, même s'il a bien été engendré par la fusion des deux bulles de lumières de deux trous noirs, reste un signal relativement indirect de cet événement. Comme nous allons l'expliquer, la preuve que nous avons pu observer la fusion de deux trous noirs vient, comme dans le cas des pulsars binaires, de la conjonction entre les prédictions théoriques et les résultats observationnels. Dès les années 1980-1990, quand la perspective de détecter les ondes gravitationnelles est devenue sérieuse grâce au développement de nouveaux détecteurs, un certain nombre de théoriciens, en particulier l'école théorique française de Relativité Générale, ont développé de nouvelles méthodes pour calculer tous les aspects de l'émission d'ondes gravitationnelles par un système de deux trous noirs. Ce qu'il s'agit de traiter théoriquement, ce sont des solutions aux équations d'Einstein qui décrivent le mouvement de ces deux bulles de lumière l'une autour de l'autre. Il a fallu résoudre les équations d'Einstein à un niveau de précision beaucoup plus grand qu'avant pour trouver le mouvement de ces deux trous noirs. Ensuite, il a fallu trouver la façon dont ils émettent des ondes gravitationnelles, puis calculer l'effet de réaction en retour de cette émission sur le mouvement des deux trous noirs. En effet, le fait qu'ils interagissent par des ondes gravitationnelles, et qu'ils en émettent en dehors du système, a pour conséquence qu'ils vont avoir tendance à tourner de plus en plus près l'un de l'autre. C'est d'ailleurs exactement l'effet qui a été observé pour les pulsars binaires : la période orbitale diminue, donc les objets se rapprochent pendant des centaines de millions d'années. Ils vont du coup de plus en plus vite. À la fin, ça devient un phénomène catastrophique.

Imaginons deux trous noirs qui orbitent l'un autour de l'autre. Chacun a une masse égale à une trentaine de masses solaires, avec une bulle de lumière ayant un rayon d'une centaine de kilomètres. Pendant longtemps, ces bulles sont très éloignées l'une de l'autre, à des millions de kilomètres. Puis elles se rapprochent, à des milliers de kilomètres, et continuent de se rapprocher. Arrive un moment où elles sont si proches qu'elles se touchent presque, et de plus, orbitent à une vitesse proche de celle de la lumière. Il a fallu développer de nouvelles méthodes pour comprendre ce qui se passe quand ces deux surfaces de trou noir, ces deux bulles de lumière, fusionnent (on utilise soit le mot français de fusion, soit le mot franglais de coalescence, pour parler de ce phénomène). C'est un peu comme si on imaginait deux bulles de savon qui se rapprochent trop l'une de l'autre : elles fusionnent pour ne plus en former qu'une. Il a été nécessaire de développer des méthodes théoriques nouvelles pour arriver à calculer ce phénomène-là. Avec Alessandra Buonanno, une postdoctorante italienne, j'ai développé dès l'année 2000, au sein de l'Institut des Hautes Études Scientifiques, des méthodes analytiques qui ont conduit à la première prédiction du signal de déformation de la géométrie émis lors de la coalescence de deux trous noirs. Quelques années plus tard, vers 2005, les méthodes de calcul numérique des solutions des équations d'Einstein ont permis de confirmer et d'affiner cette prédiction. Puis, entre les années 2007 et 2015, il y a eu une synergie entre les développements de méthodes analytiques et numériques, afin de calculer le signal d'ondes gravitationnelles émis par deux trous noirs ayant des masses et des moments de rotation arbitraires, c'est-à-dire que chaque trou noir pouvait tourner avec une certaine vitesse autour d'un axe quelconque. C'est tout ce développement théorique qui a permis de prédire la forme exacte du signal émis lors de la coalescence de deux trous noirs.

Un signal faible et lointain

Le signal GW150914 qui a été observé dans les interféromètres LIGO, en septembre 2015 est en fait totalement perdu dans le bruit. La fluctuation des longueurs des deux bras de l'interféromètre qui a été observée est d'une petitesse incroyable ; elle correspond au milliardième de la taille d'un atome pour deux miroirs séparés de quatre kilomètres. C'est inimaginablement petit. Il a fallu trente ans de développements expérimentaux très difficiles et très sophistiqués pour arriver à voir que, entre les deux miroirs, il y a eu un déplacement supplémentaire aussi petit que ça, au-delà du bruit habituel. En effet, à tout moment, la distance entre les deux miroirs fluctue parce que des mouvements de la Terre influencent la position des miroirs, parce que la fréquence et l'intensité du rayon laser qui circule dans les miroirs fluctuent... Il y a énormément de sources de bruit qui font que, à tout moment, quelque chose fluctue. À l'intérieur de ce bruit fluctuant, le signal qui nous intéresse, celui émis par la fusion de deux trous noirs, est cinq cent fois plus petit que le niveau instantané du bruit.

Pourquoi ce signal gravitationnel est-il si petit ? Parce que les trous noirs dont on parle sont extrêmement lointains. Ils ne sont pas dans notre galaxie, ni même dans une galaxie voisine, mais à un milliard d'années-lumière. Le signal a été émis il y a un milliard d'années et a voyagé depuis. Il a traversé la Terre en deux dixièmes de seconde et est reparti à l'infini de l'autre côté. Mais, pendant cette fraction de seconde, il a laissé une empreinte à l'intérieur de l'interféromètre.

Cette empreinte a pu être détectée par deux genres de techniques. Une première technique, dite « d'analyse temps-fréquence », a vu qu'il y avait quelque chose qui ressemblait au signal attendu sans pour autant pouvoir mesurer les masses des deux trous noirs séparément. C'est la deuxième technique utilisée, dite « d'analyse par filtres adaptés », qui a permis d'établir le fait qu'il s'agissait de deux trous noirs, avec des masses estimées à 36 et 29 masses solaires avec des moments de rotation apparemment faibles. Cette méthode d'analyse par filtre adapté est un peu celle que l'on utiliserait pour trouver une aiguille dans une botte de foin. La recherche paraît désespérée, mais, si on connaît la taille, la forme, la couleur de l'aiguille qu'on cherche et le métal dont elle est faite, on peut utiliser des instruments « adaptés » qui traquent précisément ces caractéristiques. C'est exactement ce qui a été fait. Mathématiquement, des calculs théoriques prédisent la forme du signal d'ondes gravitationnelles émis lors de la fusion de deux trous noirs. Il suffit donc de chercher si cette forme de signal est présente à l'intérieur du signal bruité qui est observé. C'est en quelque sorte un gabarit qu'on utilise pour voir s'il correspond à ce qui a été observé, avec une certaine opération mathématique (dite de convolution avec un filtre adapté) pour sortir le signal du bruit. C'est cette technique qui a permis de prouver qu'à l'intérieur du signal très bruité de l'interféromètre, était bien présent ce tout petit signal, ce dernier cri, ce chant du cygne, de deux trous noirs qui, avant de fusionner, ont tourné encore pendant un certain nombre d'orbites et ont émis le signal le plus violent de toute leur histoire. En effet, ils ont, pendant des centaines de millions d'années, orbité l'un autour de l'autre à des vitesses relativement faibles par rapport à la vitesse de la lumière. La déformation de l'espace qui se propageait sous forme d'ondes autour du système était donc très faible. Mais, plus ils se rapprochaient, plus ils allaient vite. Ainsi, la fréquence du signal d'ondes gravitationnelles qu'ils émettaient, liée à la fréquence orbitale, a augmenté, tout comme son intensité, son amplitude, avec une puissance assez élevée du rapport entre leur vitesse et la vitesse de la lumière. Lors des dernières orbites et au moment de la fusion, les deux trous noirs se déplacent (l'un par rapport à l'autre) à la moitié de la vitesse de la lumière.

Il faut donc imaginer un événement absolument catastrophique, gargantuesque. Ces deux bulles de lumière tournent l'une autour de l'autre à la moitié de la vitesse de la lumière, fusionnent et déforment fortement la géométrie de l'espace autour d'elles. Ensuite, cette déformation se propage et part à l'infini dans toutes les directions en décroissant comme l'inverse de la distance du système. Après un milliard d'années de propagation, elle arrive sur Terre avec une amplitude infinitésimale, mais qui laisse une empreinte. Cette dernière, en excellent accord avec les modèles théoriques calculés pour la fusion de deux trous noirs, permet d'affirmer que, le 14 septembre 2015, la fusion de deux trous noirs a été observée.

L'analyse du signal de l'événement GW150914 a été faite dans le cadre d'une collaboration LIGO-Virgo. L'interféromètre Virgo, du même type que LIGO, est un détecteur européen d'ondes gravitationnelles issu d'une collaboration franco-italienne et installé près de Pise. Malheureusement, il n'était alors pas en fonctionnement. Seuls les deux détecteurs LIGO ont vu les premières ondes gravitationnelles. Mais les Européens ont travaillé avec les Américains pour sortir le signal du bruit et établir la réalité du signal. C'est pourquoi l'article de découverte, publié le 11 février 2016, est signé par plus de mille personnes, toutes membres de cette collaboration. En août 2017, le détecteur Virgo a rejoint les deux détecteurs LIGO et a pu aussi observer des signaux d'ondes gravitationnelles émis par la coalescence de deux trous noirs, ainsi que par la coalescence de deux étoiles à neutrons.

Ce qui se passe à l'intérieur d'un trou noir

Expliquons plus en détail la structure d'un trou noir. À la suite d'Oppenheimer, considérons une étoile morte, froide, qui s'effondre. Si l'on était dans la théorie newtonienne de la gravitation, on imaginerait cette boule de matière se contracter jusqu'à un point, qui existerait toujours dans l'espace. La théorie d'Einstein nous dit que les choses ne se passent pas comme ça. Cette boule de matière s'effondre, se condense sur elle-même. Mais, lorsqu'elle commence à atteindre une taille suffisamment petite, elle déforme la structure de l'espace et du temps autour d'elle, et cette déformation présente plusieurs zones différentes.

L'espace, dans la théorie d'Einstein, est une structure élastique. Tout objet élastique a plusieurs régimes d'élasticité. Si je prends par exemple une membrane de caoutchouc, que je l'étire un petit peu et que je la relâche, elle reprend sa forme initiale en vibrant autour de cette dernière. C'est son régime d'élasticité. L'analogue, pour la théorie d'Einstein, ce sont les ondes gravitationnelles. Si je déforme l'espace élastique, il va y avoir une onde de déformation, l'onde gravitationnelle. Après le passage de celle-ci, l'espace reprend sa forme initiale non déformée.

Un objet élastique peut avoir ensuite un régime dit de plasticité. Si je reprends ma membrane de caoutchouc et que je tire trop fort sur elle, elle sera tellement déformée qu'elle ne reviendra pas à sa forme initiale quand je la relâcherai. Elle sera définitivement déformée. Dans ce cas, on dit que l'on a atteint un régime de plasticité. Ce régime de plasticité, c'est ce qui se passe à la surface du trou noir.

À la surface d'un trou noir, l'espace a été déformé de façon permanente. Cette déformation est telle qu'elle a modifié profondément les propriétés de propagation de la lumière. En général, la lumière, à partir d'un point de l'espace, se propage dans toutes les directions, formant une bulle centrée sur ce point. Au voisinage d'un trou noir, une bulle de lumière, émise à partir d'un point vers la surface de l'objet qui s'effondre, part très lentement vers l'extérieur de l'étoile. La partie de la bulle qui essaie de sortir vers l'infini est très ralentie alors que l'autre partie, qui part vers l'intérieur, là où l'étoile s'effondre, se propage très vite. Apparaît alors une zone frontière à partir de laquelle la bulle de lumière émise à la surface de l'étoile n'arrive pas à sortir. Cette bulle essaie de se propager à la vitesse de la lumière, mais tout se passe comme si l'espace lui-même s'écoulait vers l'intérieur.

De tels phénomènes existent en hydrodynamique. Des ondes peuvent se déplacer à la surface d'un liquide à une certaine vitesse. Mais, si le liquide lui-même se déplace en sens inverse par rapport aux parois extérieures, l'onde qui se déplace sur l'eau fait du surplace par rapport aux parois extérieures.

Situés loin d'un trou noir, nous sommes comme des spectateurs regardant un fleuve qui s'écoule. Le fleuve, c'est l'espace, fluidifié dans la théorie d'Einstein, qui s'écoule à l'intérieur de la région où l'étoile est en effondrement.

Ici, on parle d'une bulle de lumière émise autour de l'étoile. Mais que se passe-t-il au centre d'une étoile qui continue à s'effondrer ? On atteint en fait un régime encore plus violent, prédit toujours par la théorie d'Einstein. Reprenons l'idée générale d'un corps élastique. Il peut être déformé faiblement, puis revenir à sa forme initiale. Il peut être déformé un peu plus fort, et la déformation est permanente. Mais que se passe-t-il si on essaie de le déformer davantage encore ? On atteint sa limite de rupture. Il se déchire. Einstein nous dit que l'espace est une structure élastique qui peut aussi avoir une limite de rupture. Cette rupture de l'espace, vu comme de la gelée, c'est ce qui se passe au centre du trou noir, là où l'étoile achève son effondrement. On pourrait imaginer que l'étoile s'effondre en un point, mais en fait ce point n'existe pas parce qu'il est remplacé par une rupture de la gelée. Ainsi, à l'intérieur d'un trou noir, l'espace est déchiré, et l'espace-temps lui-même n'existe plus : le temps s'arrête, l'espace lui-même n'est plus. C'est quelque chose de conceptuellement extrêmement violent. C'est pour cela que, pendant très longtemps, le concept de trou noir a été rejeté parce qu'il était lié à quelque chose de proprement inouï se passant à l'intérieur.

Expliquons autrement. Si nous essayons d'explorer un trou noir, nous pouvons commencer par rester dans son voisinage. Tant que nous ne pénétrons pas à l'intérieur de la bulle de lumière de sa surface, nous pourrons repartir, avec difficulté cependant parce que sa force gravitationnelle est très intense. Si nous décidons d'aller voir ce qu'il y a à l'intérieur, nous traverserons la bulle de lumière qu'est l'horizon du trou noir sans que rien ne se passe. Mais, un millième de seconde plus tard, voire moins, cela dépend de sa masse, nous remarquerons des choses très violentes. Notre corps sera écrasé dans deux directions, et distendu dans la troisième. Nous serons donc détruits assez rapidement. Mais, et c'est encore plus violent, si nous regardons notre montre, nous nous rendrons compte que, au bout de quelques millisecondes, le temps s'arrête, que l'espace-temps s'arrête. Plus rien n'existe. La théorie d'Einstein nous dit que toute la matière dont nous sommes constitués n'existe alors plus parce qu'il n'y a plus ni espace ni temps. Ils ont été déchirés par la violence de l'effondrement de l'étoile.

Cette idée paraît tellement extraordinaire que, pendant longtemps, nombreux ont été ceux qui l'ont mise en doute. Ce qui est sûr, c'est que, au niveau de la résolution mathématique des équations d'Einstein, c'est ce qui se passe. En revanche, au niveau de la physique, on peut se dire qu'il s'agit d'une limite de validité de la théorie de la Relativité. Si cette dernière nous dit que l'espace et le temps peuvent cesser d'exister, c'est qu'il faut peut-être aller au-delà. Or, comme la théorie d'Einstein ne contient pas la physique quantique, beaucoup ont émis l'idée que quelque chose, lié à la physique quantique et différent de cette disparition de l'espace et du temps, se passe à l'intérieur d'un trou noir. En fait, nous l'ignorons. Ce que nous savons, c'est que ce qui se passe à l'extérieur de la surface ne dépend pas de ce qui se passe à l'intérieur. Par conséquent, quels que soient les phénomènes mystérieux, quantiques, qui remplacent peut être cette rupture de l'espace et du temps à l'intérieur d'un trou noir, nous sommes convaincus que la théorie d'Einstein, telle qu'elle est aujourd'hui, décrit bien la physique de sa surface : comment les bulles de lumière interagissent les unes avec les autres, déforment la géométrie de l'espace, émettent des ondes gravitationnelles.

Nous avons la chance d'avoir ici un concept très extrême, très violent, de la théorie d'Einstein, mais qui reste prédictif. Les ondes gravitationnelles et la théorie du mouvement de deux trous noirs l'un autour de l'autre peuvent être calculées, et nous avons confiance dans ces calculs, même si nous savons que, à l'intérieur de chaque trou noir, il se passe des choses très violentes et que l'espace-temps disparaît probablement. Se pose aussi évidemment la question de ce qui se passe quand les deux trous noirs fusionnent : ces deux déchirures d'espace-temps fusionnent aussi, en un certain sens.

Trou noir tournant de Kerr

Le type de trou noir découvert par Schwarzschild en 1915 est un trou noir qui ne tourne pas sur lui-même. Cependant, lors de la fusion de deux trous noirs de Schwarzschild, il y a une grande quantité de rotation qui est contenue dans le mouvement orbital relatif des deux trous noirs juste avant leur fusion (comme celle d'une patineuse qui tourne sur elle-même). Une certaine quantité de rotation va rester, après la fusion, dans le trou noir final formé par la fusion des deux trous noirs. Du coup, ce trou noir final ne peut pas être un trou noir non-tournant du type découvert par Schwarzschild en 1915. Il doit être un trou noir d'un type plus général, possédant une certaine quantité de rotation (ou « moment cinétique »).

La découverte des trous noirs ayant une certaine quantité de rotation a été faite en 1963 par un Néo-Zélandais : Roy Kerr. Un peu comme Schwarzschild, qui avait trouvé sa solution qu'on appelle trou noir sans savoir que c'en était un, Roy Kerr ne cherchait pas à prouver l'existence d'un nouveau type de trou noir, mais cherchait des solutions exactes, ayant des structures particulières simples, des équations d'Einstein. Il a fait un certain nombre d'hypothèses mathématiques simplificatrices et il a trouvé une solution exacte. Elle était plus générale que la solution de Schwarzschild, en ce sens qu'elle contenait un paramètre nouveau, dont le sens physique était une certaine quantité de rotation. Quand on mettait ce paramètre à zéro, elle se réduisait à un trou noir de Schwarzschild. Mais, en 1963, le concept de trou noir n'était pas encore compris. Kerr ne savait pas, comme Schwarzschild, qu'il avait découvert un trou noir, que l'on appelle aujourd'hui trou noir de Kerr.

C'est à la fin des années 1960 que l'on a compris que les trous noirs avaient des propriétés physiques très particulières, un peu comme une bulle de savon. Une bulle de savon, quand on essaie de la déformer, vibre, puis a tendance à revenir à sa position d'équilibre, un état qui minimise l'énergie. L'état d'équilibre d'une bulle de savon qui n'est pas en rotation est une sphère. Une bulle de savon qui tourne sur elle-même est déformée par les forces centrifuges et prend la forme d'une sphère écrasée (sphéroïde oblate). Imaginons que la surface du trou noir est comme une bulle élastique. Si le trou noir ne tourne pas, cette dernière est sphérique. S'il tourne, elle est aplatie.

Quand deux trous noirs fusionnent, ces deux bulles forment un trou noir qui n'est pas encore à l'état d'équilibre, mais qui émet (en vibrant) de l'énergie et des ondes à l'infini pour aller vers un état d'équilibre. Le résultat final de la fusion de deux trous noirs est de nouveau une bulle de lumière stable, mais en rotation, donc une bulle aplatie, et non plus à symétrie sphérique.

Jusqu'à présent, j'ai surtout parlé des ondes gravitationnelles émises lorsque les deux trous noirs étaient séparés l'un de l'autre. Ces ondes gravitationnelles sont les mêmes que celles émises par deux étoiles qui orbitent l'une autour de l'autre. Dans les deux cas, la déformation de la géométrie de l'espace causée par deux objets est due à leur mouvement orbital. Mais, lors de la fusion de deux trous noirs en un seul, une autre source de déformation de la géométrie entre en jeu : des vibrations de l'espace ont lieu à la surface du trou noir final lui-même, puisqu'il doit être conçu comme un objet élastique qui peut vibrer et faire vibrer l'espace élastique einsteinien autour de lui. Les calculs montrent que, lors de la fusion de deux trous noirs, comme le trou noir formé au moment de la fusion n'est pas encore arrivé à l'état d'équilibre, il va vibrer et émettre des ondes de vibration de l'espace (c'est-à-dire des ondes gravitationnelles) qui s'ajoutent à, et prolongent, le signal d'ondes gravitationnelles émis par le mouvement orbital des deux trous noirs juste avant leur fusion. Ainsi, le signal émis est composé de deux parties. La première est une onde qui ressemble à une espèce de longue sinusoïde, avec des oscillations qui montent et qui descendent. Ces oscillations ont une amplitude et une fréquence qui augmentent au cours du temps parce que les deux trous noirs orbitent de plus en plus vite l'un autour de l'autre. L'amplitude de cette onde atteint un maximum au moment de la fusion. À partir de ce maximum, l'onde gravitationnelle décroît très rapidement et émet les ondes de vibrations caractéristiques d'un trou noir qui vibre. La partie finale de la coalescence de deux trous noirs après la fusion doit avoir une structure prédite par la théorie d'Einstein. Ces ondes caractéristiques, qui ont été calculées théoriquement, sont ce qu'on peut appeler les modes de vibration d'un trou noir de Kerr. On peut dire que le trou noir nouvellement formé par la fusion est comme une cloche sur laquelle on a donné un coup de marteau et qui émet des ondes de vibration sonores caractéristiques de cette cloche. La partie finale du signal d'ondes gravitationnelles émis lors de la coalescence de deux trous noirs est faite d'une superposition de ces « sons de cloche », caractéristiques d'un trou noir.

Est-ce que l'on a observé, dans le signal GW150914 du 14 septembre 2015, ces « sons de cloche » caractéristiques d'un trou noir (avec leurs fréquences de vibrations prédites par la théorie d'Einstein) ? La réponse est ambiguë car les gabarits (filtres adaptés) qui ont été utilisés pour sortir le signal du bruit les incluent automatiquement. D'un côté, on peut dire que le succès de la détection a bien confirmé (de façon indirecte) qu'ils étaient là et qu'ils ont décru très rapidement. Mais peut-on prouver que, notamment, le premier son de cloche lui-même (la fréquence principale de vibration d'un trou noir nouvellement formé) a été observé séparément dans le signal à la fin de la coalescence des trous noirs ? Des efforts ont été faits pour chercher ce premier son de cloche dans la fin du signal de fusion. Les résultats de cette recherche sont compatibles avec sa présence, mais ne sont cependant pas assez précis (vu la faiblesse de cette partie du signal) pour qu'on puisse affirmer l'avoir vu avec une grande certitude. On ne peut donc pas dire aujourd'hui que l'on a une vérification directe des modes de vibration du trou noir formé par la fusion de deux autres. Répétons cependant que le signal total observé est compatible avec la forme complète du signal contenant un premier signal incident qui a évolué en fréquence et en amplitude pendant des centaines de millions d'années, finissant en un signal extrêmement bref, plus court qu'un dixième de seconde, correspondant à ces modes de vibration du trou noir final formé. En outre, le signal total observé, quand il est extrait du bruit en utilisant le meilleur gabarit adapté possible prédit par la théorie d'Einstein, est quantitativement très proche du signal prédit car il exhibe un rapport entre le signal et le bruit égal à 25. C'est-à-dire que le signal observé est 25 fois plus fort que le bruit, quand on filtre le bruit en fonction du signal attendu. Ce rapport de 25 signifie que, s'il avait fallu attendre une fluctuation aléatoire du bruit présent à tout moment dans l'appareil pour que le hasard finisse par imiter le signal qui a été observé, il aurait fallu attendre 200 000 ans, tant une telle fluctuation est statistiquement improbable. Or, le signal a été observé quelques jours après que les détecteurs LIGO ont observé le signal d'ondes gravitationnelles !

La remarquable première détection d'ondes gravitationnelles du 14 septembre 2015 (GW-150914) a été confirmée par la détection ultérieure (à ce jour ; mars 2019) de dix autres signaux d'ondes gravitationnelles. Parmi ces dix autres signaux, neuf sont des signaux émis par la fusion de deux trous noirs (dont certains étaient encore plus massifs que ceux détectés en septembre 2015), et le dixième (qui fut détecté le 17 août 2017) est le signal d'ondes gravitationnelles émis par un système orbital de deux étoiles à neutrons (dont les masses étaient de l'ordre de une fois et demi la masse du Soleil). Cette dernière détection (dont le nom scientifique est GW170817) est particulièrement remarquable et sera discutée plus en détail ci-dessous, car elle a été suivie de l'observation d'un signal électromagnétique émis après la fusion des deux étoiles à neutrons. Disons simplement ici que, du point de vue gravitationnel, ce signal est le plus long détecté à ce jour : il correspond à plusieurs milliers d'orbites, et a été détecté (par la méthode des filtres adaptés), conjointement par les deux interféromètres LIGO et Virgo, pendant environ cent secondes. Le rapport entre le signal et le bruit (filtré) était de 32, encore plus élevé que pour l'événement GW150914 du 14 septembre 2015. Ce rapport signal/bruit élevé est dû à la fois au fait que, malgré des masses beaucoup plus petites, le système binaire émetteur était environ dix fois plus près de la Terre, et aussi au fait qu'un beaucoup plus grand nombre de cycles orbitaux ont laissé leur empreinte dans les interféromètres.

Sensibilité des détecteurs

Venons-en à l'aspect astrophysique de la première découverte. Pourquoi a-t-on observé, comme premier signal d'ondes gravitationnelles (GW150914), le signal de coalescence de deux trous noirs d'une trentaine de masses solaires ? Ce n'est pas ce que la plupart des chercheurs attendaient. Depuis des années, le seul signal dans l'Univers de l'existence duquel on était absolument sûr était celui de la coalescence de deux étoiles à neutrons. Pourquoi ? Parce que l'on sait qu'il existe dans notre Univers des systèmes binaires d'étoiles à neutrons : les pulsars binaires observés dans notre galaxie. Mais les signaux d'ondes gravitationnelles provenant de la fusion de systèmes binaires d'étoiles à neutrons contenus dans notre galaxie seraient trop peu fréquents pour être observables en un temps raisonnable. Puisque les ondes gravitationnelles viennent potentiellement de très loin, on peut considérer un grand volume de notre Univers, contenant un grand nombre de galaxies. Le nombre de signaux de coalescence de systèmes binaires d'étoiles à neutrons devient alors beaucoup plus grand, mais l'amplitude de ces signaux devient corrélativement beaucoup plus petite.

En fait, la première campagne d'observations des interféromètres LIGO et Virgo pendant les années 2002-2010 ne conduisit à aucune détection d'ondes gravitationnelles. On arrêta alors les détecteurs et on travailla à améliorer leur sensibilité. En septembre 2015, on ne s'attendait pas à ce que les détecteurs LIGO observent si rapidement un signal de coalescence car les calculs théoriques indiquaient qu'il fallait une sensibilité améliorée (par rapport à la première campagne) d'un facteur 10 pour espérer voir une dizaine de coalescences d'étoiles à neutrons par an, alors que la sensibilité des détecteurs LIGO avait été améliorée seulement d'un facteur 3. Or, quelques jours après avoir mis en route leur détecteur amélioré d'un facteur 3, ils ont observé quelque chose.

C'était une surprise. Cela correspond à des événements plus violents et plus fréquents que ce que l'on attendait. Comment est-ce possible ?

En fait, un groupe d'astrophysiciens polonais, dont Krzysztof Belczynski et Tomasz Bulik, avait prédit, vers l'année 2010, que les premières sources détectables par LIGO et Virgo pourraient être des coalescences de trous noirs binaires plutôt que les coalescences d'étoiles à neutrons. En effet, leurs calculs indiquaient que dans des galaxies moins riches que la Voie lactée en éléments lourds il était plus facile que ce que l'on pensait de créer un grand nombre de systèmes binaires de trous noirs, et en outre que les trous noirs de ces systèmes pourraient être plus massifs que ceux observés (indirectement) dans notre Galaxie : des trous noirs ayant entre 30 et 80 masses solaires apparaissaient naturellement dans leur étude. Ils prédirent alors que le premier signal observé pas LIGO et Virgo devrait être celui de la fusion de trous noirs massifs. Leurs estimations pour le nombre d'étoiles à neutrons binaires, ou même pour des systèmes binaires constitués d'une étoile à neutrons et d'un trou noir, n'étaient pas tellement différentes des estimations faites habituellement. C'est-à-dire qu'il y aurait environ dix fois moins d'événements observables engendrés par la coalescence de deux étoiles à neutrons ou d'une étoile à neutrons et d'un trou noir. Les observations qui ont été faites jusqu'à présent par LIGO et Virgo semblent être en accord avec ces prédictions.

Avec la sensibilité des détecteurs actuels, ce que l'on peut observer est de l'ordre d'une coalescence de trous noirs par mois, et d'une coalescence d'étoiles à neutrons par an. Dans quelques années, la sensibilité des détecteurs LIGO et Virgo sera améliorée d'un facteur 3 (par rapport à leur sensibilité actuelle). Cela permettra de voir trois fois plus loin dans l'Univers autour de la Terre, car l'amplitude des ondes gravitationnelles décroît comme l'inverse de la distance à la source. Mais voir trois fois plus loin autour de la Terre, cela veut dire avoir accès à un volume 3^3 fois plus grand, puisque le volume est proportionnel au cube de la distance, ce qui fait 27. En arrondissant à 30, ça signifie que, au lieu de voir, en gros, une coalescence de trous noirs par mois, on en verra probablement une par jour. Et corrélativement, on devrait voir environ une coalescence d'étoiles à neutrons par mois (au lieu de l'unique coalescence d'étoiles à neutrons qui a été détectée durant environ une année d'observation effective des détecteurs). L'avenir nous dira combien de détections de systèmes binaires mixtes, trou noir plus étoile à neutrons, seront observés.

L'astronomie des ondes gravitationnelles

La détection des ondes gravitationnelles par LIGO et Virgo a ouvert une nouvelle branche de l'astronomie amenée à se développer de façon rapide. D'abord les interféromètres LIGO-Virgo doivent bientôt (avril 2019) commencer une nouvelle campagne d'observations. En outre, plusieurs autres détecteurs devraient rejoindre, dans quelques années, le réseau des trois interféromètres LIGO-Virgo. D'abord un détecteur actuellement en développement au Japon, baptisé KAGRA, devrait entrer en fonction avant la fin de l'année 2019. Quelques années plus tard, un détecteur en Inde (IndIGO) devrait voir le jour. Dans un avenir proche, trois à cinq interféromètres existeront donc sans doute à la surface de la Terre. Ils fonctionneront à tout moment et attendront des signaux gravitationnels venant de l'Univers.

Un détecteur d'ondes gravitationnelles peut détecter des ondes qui viennent d'à peu près toutes les directions. Il n'y a pas besoin, comme on pourrait le croire, de savoir à l'avance à quel endroit se trouve la source gravitationnelle. Un détecteur, c'est comme une antenne d'ondes radio. L'antenne radio la plus simple est une tige métallique. Une telle antenne (dite « dipolaire »), peut détecter les ondes électromagnétiques qui arrivent de toutes les directions – sauf celles arrivant dans la direction de l'antenne. En effet, si le champ électrique de l'onde incidente (qui est perpendiculaire à la direction de propagation de l'onde) est perpendiculaire à l'antenne, il ne va pas exciter de voltage à l'intérieur de celle-ci. Ce bémol mis à part, cette antenne permet de voir tout l'espace (même si les directions voisines de la direction de l'antenne sont observables avec une sensibilité réduite). De même, une antenne gravitationnelle simple, faite de deux bras perpendiculaires (qui a, du coup, une structure dite « quadrupolaire », et non dipolaire), peut voir une onde gravitationnelle provenant essentiellement de tout le ciel, même si elle peut avoir une sensibilité réduite au voisinage de certaines directions.

À l'avenir, on pourra non seulement voir des ondes gravitationnelles émises par des coalescences de trous noirs ou d'étoiles à neutrons, mais aussi dire avec une grande précision d'où ce signal a été émis. En effet, les premières observations faites par les seuls détecteurs LIGO n'ont pas permis d'identifier avec précision ni la direction, ni la distance, d'où avait été émis le signal gravitationnel. Pourquoi ? Parce que, quand on n'a que deux détecteurs pour connaître la direction d'où vient le signal, il faut utiliser essentiellement la différence de temps d'arrivée de l'onde aux deux détecteurs. Dans le cas de la détection de GW150914, cette différence de temps était d'environ sept millisecondes. Ces deux détecteurs sont séparés de 3 000 kilomètres, la lumière mettrait donc dix millisecondes à aller de l'un à l'autre en se propageant (en ligne droite) parallèlement à la Terre. Les ondes gravitationnelles se propagent à la vitesse de la lumière. Comme les deux détecteurs n'étaient pas alignés avec la direction dans laquelle l'onde arrivait, mais faisait un certain angle avec celle-ci, l'onde gravitationnelle est arrivée sur le premier détecteur sept millisecondes avant d'arriver sur le second. Cette différence de temps de sept millisecondes indiquait que la source était quelque part sur un certain grand cercle du ciel mais il était très difficile de savoir plus précisément où sur ce grand cercle. En utilisant l'amplitude du signal observé par chaque détecteur, on arrive à avoir une information plus précise qui permet de favoriser une région du ciel, mais cela ne permet toujours pas d'identifier avec précision ni la direction, ni la distance, d'où avait été émis le signal gravitationnel.

En revanche, pour les quelques détections (faites en août 2017) où l'onde gravitationnelle a été détectée par les trois interféromètres LIGO-Virgo, on a pu, en utilisant l'intersection de deux cercles sur la sphère céleste, définir une petite zone d'origine du signal. Quand on aura quatre ou cinq détections simultanées, cette petite zone s'affinera encore plus.

Pourquoi est-ce si important ? Lors de la fusion de deux trous noirs, on pense que l'essentiel de l'énergie rayonnée a été émis sous forme d'ondes gravitationnelles. Deux trous noirs qui tournent l'un autour de l'autre déforment la géométrie de l'espace, et donc envoient des ondes gravitationnelles, mais aucune onde électromagnétique. Aucune lumière n'est émise par ce mouvement orbital. C'est un événement totalement noir du point de vue des ondes électromagnétiques (lumière, rayons X, rayons gamma). De même, on s'attend à ce que la coalescence finale des deux trous noirs soit lui aussi un événement totalement noir du point de vue des ondes électromagnétiques.

Dans le cas de la coalescence de deux étoiles à neutrons, ou de la coalescence d'une étoile à neutrons et d'un trou noir, il y a de la matière, en particulier des neutrons. On s'attend donc à ce que l'événement très violent qu'est la fusion de deux étoiles à neutrons émette autre chose que des ondes gravitationnelles : des neutrinos, des rayons gamma, c'est-à-dire de la lumière à très haute fréquence, des rayons X, de la lumière ordinaire, etc. Ainsi, pour le développement de ce qu'on appelle l'astronomie multimessager des ondes gravitationnelles, il est très important de pouvoir observer simultanément l'onde gravitationnelle et les ondes électromagnétiques, et peut être même les signaux neutriniques, émis lors de la fusion de deux étoiles à neutrons. Pour cela, il est nécessaire que les ondes gravitationnelles puissent être détectées très rapidement par au moins trois détecteurs afin de déterminer rapidement et avec précision dans quelle direction se trouve la source, et à quel moment a eu lieu la coalescence. Si le signal gravitationnel est observé assez tôt, les détecteurs d'ondes gravitationnelles pourraient même, dans certains cas, prédire le moment de la coalescence avant qu'elle se produise. Ainsi, les détecteurs d'ondes gravitationnelle pourraient indiquer, par exemple à un détecteur de rayons gamma, de se tourner vers la région du ciel où vient juste d'avoir lieu (ou même, ou aura bientôt lieu) cette coalescence.

C'est à peu près ce qui s'est passé le 18 août 2017. Les trois détecteurs LIGO-Virgo ont observé le signal d'ondes gravitationnelles GW170817 émis par le mouvement orbital en spirale de deux étoiles à neutrons, et la collaboration LIGO-Virgo a rapidement annoncé à la communauté des observateurs astronomiques de regarder dans le ciel dans une certaine direction. Mais, dans ce cas-là, leur annonce est arrivée six minutes après qu'un détecteur de rayons gamma, à bord du satellite Fermi de la NASA ait déjà détecté un « sursaut gamma » (« *gamma-ray burst* »), c'est à dire une bouffée de rayons gamma, venant à peu près de cette région du ciel. Cette bouffée de rayons gamma est arrivée sur le satellite 1,7 secondes après le moment de la coalescence déterminé par la fin du signal d'ondes gravitationnelles observé par les trois détecteurs LIGO-Virgo. Cette fin du signal d'ondes gravitationnelles n'est en fait pas directement observée par LIGO-Virgo car elle se passe à haute fréquence et est noyée dans un bruit trop important, mais l'instant de la coalescence finale peut être déterminé avec précision à partir de l'évolution du signal émis pendant une centaine de secondes avant la fusion des deux étoiles à neutrons. Une campagne sans précédent de toutes les branches pertinentes de la communauté des observateurs astronomiques (en optique, rayons-X, ultra-violet, infra-rouge, radio, etc.) s'est alors mise en branle pour essayer d'observer les diverses contreparties électromagnétiques possibles de cet événement céleste inédit. Moins de onze heures après la bouffée de rayons gamma une source transitoire optique venant de la même région du ciel fut détectée. Cette détection optique fut suivie (dans les heures ou les jours après) par des détections en ultra-violet, puis en infra-rouge, puis en rayons X, puis en ondes radio. Ce remarquable événement a ainsi réalisé ce qui était le rêve de l'astronomie des ondes gravitationnelles : voir des messages multiples venant d'une même source astrophysique, c'est-à-dire l'observation conjointe de cette source (ici un système de deux étoiles à neutrons) *via* des ondes gravitationnelles, et *via* tout le spectre possible des ondes électromagnétiques (des rayons gamma aux ondes radio). Seule l'observation de neutrinos a manqué au tableau de chasse du remarquable événement du 18 août 2017.

Une importante moisson de résultats physiques et astrophysiques a pu être extraite des multiples observations de cet événement. Nous ne détaillerons pas cette moisson de résultats ici. Le résultat le plus important est d'avoir fourni la première preuve que certains types de sursauts gamma sont émis par la fusion de deux étoiles à neutrons. En effet, les sursauts gamma sont des événements cosmiques qui ont été découverts accidentellement en 1967 (par des satellites américains surveillant d'éventuelles explosions nucléaires) et dont l'origine astrophysique, et la structure intime, restent, à ce jour, en grande partie mystérieuses (ou, tout au moins, hypothétiques). Nous discuterons ci-dessous d'autres résultats physiques importants qui ont pu être extraits de l'événement GW170817 du 18 août 2017. Cet événement restera dans l'histoire de l'astronomie comme celui qui a inauguré (en fanfare) l'astronomie multi-messager des ondes gravitationnelles. Son importance historique est comparable à celle des premières découvertes faites par la lunette de Galilée.

La théorie d'Einstein à l'épreuve

Rappelons rapidement que la théorie de la gravitation d'Einstein est définie par des équations écrites en novembre 1915, il y a un peu plus d'un siècle. Depuis, cette théorie a été confirmée par un très grand nombre de mesures physiques de haute précision, ainsi que d'observations astrophysiques dont la plupart ont été faites après la mort d'Einstein : mesures extrêmement fines faites dans des laboratoires terrestres, observations de haute précision dans le Système solaire, observations cosmologiques, découverte et observations des pulsars binaires… Toutes les mesures et observations faites avant septembre 2015 étaient compatibles avec la théorie d'Einstein. Les signaux d'ondes gravitationnelles nous ont apporté un nouveau « laboratoire » pour tester la validité de la théorie d'Einstein dans des régimes nouveaux, où sa validité n'avait pas encore été mise à l'épreuve.

Plusieurs types d'études ont testé la compatibilité entre les onze signaux d'ondes gravitationnelles observés jusqu'à présent et les prédictions de la théorie d'Einstein. Les tests quantitativement les plus fins ont été obtenus à partir des données de trois signaux : GW150914, GW151226, et GW170817. En particulier, il a été montré que le signal observé le 14 septembre 2015 était globalement compatible à 97 % avec les gabarits d'ondes gravitationnelles prédits par la Relativité Générale. Le signal du 26 décembre 2015 (GW151226) était un long signal (55 cycles d'ondes gravitationnelles) qui a permis de tester séparément la compatibilité entre la première partie du signal de coalescence (celle émise pendant le mouvement en spirale des deux trous noirs quand ils sont encore éloignés l'un de l'autre) et les prédictions de la théorie d'Einstein. Pour certaines prédictions fines de la Relativité Générale concernant la première partie du signal, cette compatibilité était meilleure que 90 %. Enfin, le signal GW170817 (discuté ci-dessus) émis par une coalescence de deux étoiles à neutrons a permis de vérifier avec très grande précision une autre prédiction de la Relativité Générale.

La théorie d'Einstein prédit que les ondes gravitationnelles se propagent de même façon, et à la même vitesse, que la lumière, et, plus généralement, que les ondes électromagnétiques (indépendamment de la fréquence). Le fait qu'un sursaut gamma a été observé 1,7 secondes après la fin du signal d'ondes gravitationnelles GW170817 a permis de conclure (étant donné la distance, d'environ cent millions d'années-lumière, à la source, et une estimation sur le temps maximum nécessaire pour produire un sursaut gamma à partir de la fusion de deux étoiles à neutrons) que la vitesse des ondes gravitationnelles ne pouvait pas différer (fractionellement) de la vitesse de la lumière de plus de 10^{-15} (une partie sur un million de milliard !).

Cette dernière limite supérieure (sur une différence éventuelle entre les deux vitesses) constitue non seulement une confirmation de haute précision de la Relativité Générale, mais aussi une pierre de touche pour contraindre (et éliminer) des théories de la gravitation différentes de celle d'Einstein. En effet, certains auteurs ont proposé des théories de la gravitation qui diffèrent de la Relativité Générale. Certain développements théoriques suggèrent que la gravitation pourrait être plus complexe que ce qu'Einstein avait imaginé. Par exemple, la structure de l'espace-temps pourrait être plus riche que celle prévue par Einstein (c'est à dire mettre en jeu d'autres déformations de la géométrie que celle considérée par lui), ou pourrait être décrite par des équations qui diffèrent de celles proposées dans certains régimes où le champ gravitationnel devient très intense (comme au voisinage d'un trou noir). En fait, il n'y a pas, aujourd'hui, d'alternatives vraiment convaincantes à la théorie d'Einstein, ou, tout du moins, les théories alternatives les plus convaincantes, par exemple les prolongements de la théorie de la Relativité prévus par la théorie des cordes, ne prédisent rien de différent pour le signal de fusion de deux trous noirs macroscopiques. En effet, comme la lumière ne peut pas sortir de l'intérieur d'un trou noir, rien d'autre ne le peut puisque tous les signaux vont moins vite que la lumière. Cette propriété-là rend le trou noir aveugle à beaucoup de déformations qui pourraient exister à l'intérieur, mais aussi à des modifications de la théorie. En fait, il est très difficile d'avoir des théories mathématiquement bien fondées qui prédisent des choses différentes pour la structure d'un trou noir de taille macroscopique. Cependant, un certain nombre de modifications possibles de la Relativité Générale ont été considérées et certaines de leurs conséquences ont été comparées aux données extraites des signaux gravitationnels observés. Il a alors été trouvé que beaucoup de ces modifications sont incompatibles avec les observations faites par les ondes gravitationnelles, et notamment avec la limite supérieure indiquée ci-dessus sur la différence entre la vitesse des ondes gravitationnelles et la vitesse de la lumière.

Dans les mois et les années à venir, il est probable que nous allons observer de plus en plus de coalescences de systèmes binaires de trous noirs, ou d'étoiles à neutrons. Certaines, surtout quand la sensibilité des détecteurs sera améliorée, auront des rapports signal/bruit de l'ordre de la centaine, donc beaucoup plus élevés que tous ceux observés jusqu'à maintenant (mars 2019). Le plus grand rapport signal/bruit obtenu jusqu'à maintenant (pour une coalescence de trous noirs) est celui de l'événement inaugural du 14 septembre 2015, qui était de 25. Avec un niveau signal/bruit plus élevé nous verrons plus précisément la forme du signal, et donc nous pourrons mettre à l'épreuve, encore plus finement, la théorie d'Einstein. Il sera possible de tester si une onde gravitationnelle n'a que des effets transverses (et de signes opposés dans deux directions perpendiculaires) à sa direction de propagation, ce qui n'a pas pu être encore confirmé avec précision. Il deviendra aussi possible d'étudier en détail la partie finale (après la fusion) du signal gravitationnel, et ainsi de tester si le premier « son de cloche » (ou

« mode de vibration ») du trou noir formé par la fusion de deux trous noirs est en accord précis avec les prédictions de la Relativité Générale. Si jamais on observait que la partie finale (ou certains aspects de la structure du signal avant la coalescence) du signal gravitationnel n'était pas compatible avec les prédictions de la théorie d'Einstein (ce qui est logiquement possible), on saurait qu'il est nécessaire de modifier (ou tout au moins de compléter) cette théorie.

Renseignements nouveaux sur la structure intérieure des étoiles à neutrons

Concernant les observations conjointes à venir, en ondes gravitationnelles et ondes électromagnétiques, de coalescence de deux étoiles à neutrons, il est intéressant de remarquer que le signal d'ondes gravitationnelles émis par une fusion de ce type peut aussi nous donner accès à une information sur l'équation d'état de la matière nucléaire. Rappelons d'abord qu'une étoile à neutrons est comme un gigantesque noyau atomique, constitué d'un très grand nombre de neutrons (avec une petite proportion de protons, d'électrons, et d'autres particules subatomiques). La densité et la pression à l'intérieur d'une étoile à neutrons sont inimaginablement grandes. La densité y est environ un million de milliard de fois plus grande que la densité de l'eau. À un tel niveau de densité, on ne connaît pas l'équation d'état de la matière, c'est à dire que l'on ne sait pas prédire quel est le lien entre la densité et la pression qui règnent à l'intérieur d'une étoile à neutrons. Mais le signal d'ondes gravitationnelles émis lors des dernières orbites d'un système de deux étoiles à neutrons contient des informations précieuses sur cette équation d'état.

En effet, contrairement à deux trous noirs, quand deux étoiles à neutrons se rapprochent, il y a des phénomènes de marées. Chacune déforme par sa proximité la distribution de matière dans l'autre. Ces déformations changent la force d'interaction gravitationnelle entre les deux. Ces effets dépendent de la capacité d'une étoile à neutrons à résister ou pas à des forces de marée extérieures. Cette capacité à être déformé par des forces de marée dépend de l'équation d'état de l'étoile à neutrons et est mesurée par un certain paramètre. Si on arrive à extraire ce paramètre du signal gravitationnel de coalescence de deux étoiles à neutrons, on obtiendra des renseignements intéressants sur l'équation d'état de la matière nucléaire à l'intérieur d'une étoile à neutrons. Le signal d'ondes gravitationnelles GW170817 du 17 août 2017 a été analysé en détail pour essayer d'en extraire ce paramètre. Pour le moment, il n'a été possible que d'obtenir une limite supérieure sur la valeur de ce paramètre. Ce résultat a déjà permis d'apprendre des choses intéressantes sur la matière nucléaire car elle a permis d'éliminer certaines classes d'équations d'état de la matière nucléaire. On espère que les prochaines détections des signaux gravitationnels émis par des systèmes binaires d'étoiles à neutrons vont nous permettre de mesurer le paramètre prédisant la capacité d'une étoile à neutrons à être déformé par des forces de marée.

En résumé, les observations actuelles et futures d'ondes gravitationnelles par les détecteurs LIGO-Virgo, et les autres détecteurs interférométriques, nous ont déjà donné, et continueront à nous donner avec une précision accrue, toute une série d'informations nouvelles sur la physique et l'astrophysique : des tests de la gravitation fondamentale, des informations sur l'équation d'état de la matière nucléaire et, surtout, une connaissance nouvelle de l'évolution astrophysique des galaxies. Le taux de récurrence des coalescences d'étoiles à neutrons et de trous noirs par galaxie nous donnent des renseignements sur l'évolution des étoiles, puisque tous ces systèmes sont le fruit de l'évolution d'une étoile, qui commence sa vie comme le Soleil en émettant de la lumière ordinaire et qui meurt en devenant une étoile plus compacte. Certaines évoluent en système binaire ou en supernova. L'astronomie des ondes gravitationnelles a commencé, et continuera, à nous renseigner sur toute cette évolution astrophysique de la matière des étoiles, et des systèmes d'étoiles à l'intérieur des galaxies.

Cordes cosmiques

Enfin, signalons que, à part les systèmes binaires faits de trous noirs ou d'étoiles à neutrons, il pourrait exister d'autres sources d'ondes gravitationnelles dont la découverte apporterait quelque chose de tout à fait nouveau et de très important pour la physique. Une possibilité est l'existence d'immenses cordes élastiques de tailles cosmiques. Ces cordes pourraient être les cordes fondamentales de la théorie des cordes étendues à la taille cosmique. Si de telles cordes cosmiques existaient, elles émettraient, au cours de leurs oscillations (à cause d'un phénomène semblable au claquement d'un fouet qui a lieu lors du mouvement relativiste de ces cordes)

des bouffées d'ondes gravitationnelles dirigées dans des axes particuliers. De tels signaux (s'ils existent) pourraient être détectables au-dessus du bruit par les interféromètres du type LIGO-Virgo.

Conclusion

La nouvelle astronomie inaugurée par les signaux d'ondes gravitationnelles observés par LIGO et Virgo est clairement destinée à se développer pendant de nombreuses années et à nous apporter une moisson de renseignements nouveaux sur la physique, l'astrophysique et la cosmologie.

La plupart des sources gravitationnelles que l'on détectera seront sans doute celles que l'on a déjà détectées : coalescence de trous noirs, et coalescence d'étoiles à neutrons. À part cela, on verra sans doute un certain nombre de coalescences d'une étoile à neutrons et d'un trou noir. On espère aussi voir le signal d'ondes gravitationnelles émis lors d'une explosion de supernova. En effet, l'explosion des couches extérieures d'une étoile donnant lieu au phénomène de supernova est causée par le violent effondrement des couches intérieures de l'étoile. Ce double phénomène d'implosion et d'explosion est susceptible d'émettre des ondes gravitationnelles s'il diffère suffisamment d'un mouvement à symétrie sphérique. L'avenir dira si c'est le cas.

Beaucoup de théories prédisent que le Big Bang, l'évolution primordiale de l'Univers, émet non seulement un fond d'ondes électromagnétiques, mais aussi un fond d'ondes gravitationnelles. Mais les estimations les plus probables de ce fond indiquent une amplitude relativement très faible, qui correspond à ce que l'on appelle la treizième décimale en dessous de la densité d'Univers moyenne actuelle. À ce niveau-là, il sera très difficile aux détecteurs interférométriques, comme LIGO-Virgo et d'autres, et même à leurs successeurs, de voir ce fond. En outre, il est possible que la somme incohérente de toutes les ondes gravitationnelles émises par les coalescences d'étoiles à neutrons, et surtout les coalescences de trous noirs dont on sait maintenant qu'elles sont très fréquentes, fasse un fond stochastique d'ondes gravitationnelles plus grand que le fond stochastique émis par le Big Bang. Ainsi, on n'arrivera peut-être jamais à voir les ondes gravitationnelles émises par le Big Bang.

Dans quelques années, l'astronomie des ondes gravitationnelles deviendra une immense collaboration mondiale de nombreuses équipes d'astronomie et d'astrophysique. Elle permettra d'avoir des renseignements importants sur l'évolution des galaxies et des étoiles, et donc de cartographier l'Univers à grande échelle. Comme on l'a discuté ci-dessus, on pourra mettre à l'épreuve la théorie d'Einstein et, éventuellement, montrer la nécessité d'aller au-delà de cette théorie. Enfin, on peut espérer avoir aussi des surprises du côté astrophysique, c'est-à-dire observer des ondes gravitationnelles qui ne sont pas d'un des types actuellement prédit par nos connaissances physiques et astrophysiques. Seul l'avenir le dira.

Pour aller plus loin

Nathalie Deruelle et Jean-Pierre Lasota, *Les Ondes gravitationnelles*, Odile Jacob, 2018.

Thibault Damour, *Si Einstein m'était conté*, Flammarion, coll. « Champs sciences », 2016.

Jean-Pierre Luminet, *Le Destin de l'Univers : Trous noirs et énergie sombre* (2 tomes), Gallimard, coll. « Folio Essais », 2010.

L'auteur

Thibault Damour, né le 7 février 1951 à Lyon, entre à l'École normale supérieure en 1970. Agrégé de sciences physiques en 1974, il soutient la même année une thèse de doctorat en physique théorique.

Après deux ans à l'université de Princeton et un service national réalisé au Centre d'études théoriques de la détection et des communications, il entre au CNRS en 1977, au sein du Département d'astrophysique relativiste et de cosmologie. Depuis 1989, il est professeur permanent à l'Institut des hautes études scientifiques, à Bures-sur-Yvette.

Mondialement connu pour ses travaux novateurs sur les trous noirs, les pulsars, les ondes gravitationnelles et la cosmologie quantique, il excelle aussi dans l'art de vulgariser la science, à travers des conférences et des livres, dont une bande dessinée sur la physique quantique.

Sommaire

Du même auteur

Si Einstein m'était conté, Paris, Le Cherche-midi, 2005 (3e éd. Flammarion, coll. « Champs Sciences », 2016).

Espace, Temps, Matière et Force, d'Einstein à la théorie des cordes, CD, De Vive Voix, Paris, 2010.

avec Françoise Balibar, *Einstein*, double CD, Paris, De Vive Voix, 2005.

avec Jean-Claude Carrière, *Entretiens sur la multitude du monde*, Paris, Odile Jacob, 2014.

avec le dessinateur Mathieu Burniat, *Le Mystère du monde quantique*, Paris, Dargaud, 2016.

Les Grandes Voix de la Recherche

Dans la même collection

Gérard Berry, *La pensée informatique*

À paraître
Nicole Le Douarin, *Les secrets de la vie*
Claude Hagège, *Les langues*
Alain Connes, *La géométrie et le quantique*
Philippe Descola, *L'écologie des autres*
Jean Jouzel, *Climats passés, climats futurs*
Jules Hoffmann, *L'immunité innée*
Claire Voisin, *Faire des mathématiques*
Jean Weissenbach, *La bio-remédiation*
Alain Aspect, *Einstein et les révolutions quantiques*

édition pré-presse
livres numériques

44400 Rezé

Achevé d'imprimer en mai 2019 par Corlet Imprimeur — 14110 Condé-en-Normandie
Dépôt légal : juin 2019 — N° d'imprimeur : 204490 — *Imprimé en France*